Puja Acharya

Dominar os semicondutores: Do básico aos dispositivos

Puja Acharya

Dominar os semicondutores:
Do básico aos dispositivos

ScienciaScripts

Imprint

Any brand names and product names mentioned in this book are subject to trademark, brand or patent protection and are trademarks or registered trademarks of their respective holders. The use of brand names, product names, common names, trade names, product descriptions etc. even without a particular marking in this work is in no way to be construed to mean that such names may be regarded as unrestricted in respect of trademark and brand protection legislation and could thus be used by anyone.

Cover image: www.ingimage.com

This book is a translation from the original published under ISBN 978-620-7-84399-2.

Publisher:
Sciencia Scripts
is a trademark of
Dodo Books Indian Ocean Ltd. and OmniScriptum S.R.L publishing group

120 High Road, East Finchley, London, N2 9ED, United Kingdom
Str. Armeneasca 28/1, office 1, Chisinau MD-2012, Republic of Moldova, Europe
Printed at: see last page
ISBN: 978-620-7-92499-8

DOMINAR OS SEMICONDUTORES: DOS CONCEITOS BÁSICOS AOS DISPOSITIVOS

DR. PUJA ACHARYA

PROFESSOR ASSISTENTE, ESCOLA DE ENGENHARIA E TECNOLOGIA, UNIVERSIDADE KR MANGALAM, GURUGRAM

PREFÁCIO

*Bem-vindo ao " **Mastering Semiconductors: From Basics to Devices"** Este livro tem como objetivo fornecer um guia completo para o mundo dos semicondutores, fazendo a ponte entre os princípios fundamentais e as aplicações práticas. Este livro oferecerá informações valiosas sobre o fascinante domínio dos semicondutores. A junção p-n é a pedra angular da eletrónica moderna, um elemento fundamental a partir do qual se obtém uma vasta gama de dispositivos semicondutores. Compreender os princípios e o funcionamento das junções p-n é crucial para qualquer pessoa que se dedique ao campo da eletrónica e da física dos semicondutores.*

ÍNDICE DE CONTEÚDOS

CAPÍTULO 1

INTRODUÇÃO AOS CONDUTORES SEMI-

Introdução

Os semicondutores são materiais com uma condutividade eléctrica que se situa entre a dos condutores e a dos isoladores. Esta propriedade única torna-os indispensáveis no mundo da eletrónica. São a espinha dorsal dos dispositivos electrónicos modernos, permitindo a funcionalidade de transístores, díodos e circuitos integrados (CI). A versatilidade e as propriedades sintonizáveis dos semicondutores permitem o desenvolvimento de sistemas electrónicos complexos que impulsionam os avanços tecnológicos em vários domínios.

Propriedades dos semicondutores

As propriedades eléctricas dos semicondutores são definidas pela sua estrutura de bandas. Num semicondutor, a banda de valência está cheia de electrões, enquanto a banda de condução está vazia. O intervalo de energia (bandgap) entre estas duas bandas determina a condutividade do material. Os semicondutores têm um intervalo de energia moderado que permite que os electrões passem da banda de valência para a banda de condução em determinadas condições, como a excitação térmica ou a aplicação de uma tensão externa. Os materiais semicondutores mais comuns são o silício (Si) e o germânio (Ge), ambos com estruturas cristalinas que contribuem para as suas propriedades semicondutoras efectivas. O silício, em particular, é preferido na indústria de semicondutores devido à sua disponibilidade abundante, propriedades electrónicas favoráveis e compatibilidade com os processos de fabrico existentes.

Dopagem e portadores de carga

A condutividade dos semicondutores pode ser modificada através de um processo chamado dopagem, que envolve a adição de impurezas ao material semicondutor. A dopagem introduz portadores de carga livres, alterando significativamente as propriedades eléctricas do material. Existem dois tipos principais de dopagem:

1. **Dopagem do tipo n: Trata-se** de adicionar átomos doadores com mais electrões de valência do que o semicondutor hospedeiro. Por exemplo, a dopagem do silício com fósforo (que tem cinco electrões de valência) introduz electrões livres na banda de condução, aumentando a condutividade do material.

2. **Dopagem do tipo p:** Trata-se de adicionar átomos aceitadores com menos electrões de valência do que o semicondutor hospedeiro. A dopagem do silício com boro (que tem três electrões de valência) cria buracos na banda de valência, que actuam como portadores de carga positiva.

A combinação de regiões do tipo n e do tipo p num único cristal semicondutor constitui a base de muitos dispositivos electrónicos, como díodos e transístores.

Desenvolvimento histórico dos semicondutores

O percurso dos semicondutores começou no início do século XX, com descobertas significativas e avanços tecnológicos que moldaram o mundo moderno.

Primeiras descobertas

A compreensão dos semicondutores começou com o estudo da condutividade eléctrica nos sólidos. Em 1874, Ferdinand Braun descobriu as propriedades de retificação dos contactos metal-semicondutor, lançando as bases para os futuros dispositivos semicondutores. No início dos anos 1900, investigadores como Jagadish Chandra Bose e Karl Ferdinand Braun fizeram experiências com detectores de cristal, que eram as primeiras formas de díodos semicondutores.

Mecânica Quântica e Física do Estado Sólido

O desenvolvimento da mecânica quântica na década de 1920 proporcionou um quadro teórico para a compreensão do comportamento dos electrões nos sólidos. Físicos como Werner Heisenberg e Erwin Schrödinger contribuíram para a formulação da teoria quântica, que explicava os níveis discretos de energia nos átomos e a formação de bandas de energia nos sólidos. Estas teorias foram cruciais para a compreensão das propriedades electrónicas dos semicondutores.

O nascimento do transístor

Um dos marcos mais significativos na história dos semicondutores foi a invenção do transístor em 1947 por John Bardeen, Walter Brattain e William Shockley nos Laboratórios Bell. O transístor, um dispositivo de três terminais feito de materiais semicondutores, podia amplificar sinais eléctricos e funcionar como um interrutor. Esta invenção revolucionou a eletrónica, substituindo os volumosos e menos fiáveis tubos de vácuo.

A invenção do transístor valeu a Bardeen, Brattain e Shockley o Prémio Nobel da Física em 1956. Marcou o início da revolução dos semicondutores, levando ao desenvolvimento de dispositivos electrónicos mais pequenos, mais rápidos e mais eficientes.

Circuitos integrados

O grande avanço seguinte ocorreu na década de 1960 com o desenvolvimento do circuito integrado (CI). Jack Kilby, da Texas Instruments, e Robert Noyce, da

Fairchild Semiconductor, desenvolveram independentemente métodos para integrar vários transístores e outros componentes electrónicos numa única pastilha de silício. Esta inovação reduziu drasticamente a dimensão e o custo dos sistemas electrónicos, aumentando simultaneamente a sua fiabilidade e desempenho.

O CI abriu caminho à miniaturização dos dispositivos electrónicos, permitindo a criação de computadores compactos e potentes, dispositivos de comunicação e eletrónica de consumo. Kilby foi galardoado com o Prémio Nobel da Física em 2000 pela sua participação na invenção do circuito integrado.

A Lei de Moore e os avanços tecnológicos

Em 1965, Gordon Moore, cofundador da Intel Corporation, observou que o número de transístores num circuito integrado duplicava aproximadamente a cada dois anos, conduzindo a aumentos exponenciais na capacidade de computação. Esta observação, conhecida como Lei de Moore, impulsionou a indústria de semicondutores durante décadas, orientando os esforços de investigação e desenvolvimento para a miniaturização contínua e a melhoria do desempenho.

A Lei de Moore teve um impacto profundo no desenvolvimento da tecnologia moderna, levando à criação de poderosos microprocessadores, chips de memória e sistemas digitais avançados. Embora os desafios físicos e económicos tenham tornado cada vez mais difícil manter o ritmo previsto pela Lei de Moore, as inovações em curso na ciência dos materiais, nas técnicas de fabrico e nas arquitecturas de dispositivos continuam a alargar as fronteiras da tecnologia de semicondutores.

Importância na tecnologia moderna

Os semicondutores são a base da tecnologia moderna, desempenhando um papel crucial em várias indústrias e aplicações.

Eletrónica de consumo

Os semicondutores são essenciais para a funcionalidade dos dispositivos electrónicos de consumo, como smartphones, tablets, computadores portáteis e televisores. Estes dispositivos dependem de circuitos integrados complexos que incorporam milhares de milhões de transístores para executar uma vasta gama de tarefas, desde o processamento de dados até à apresentação de gráficos de alta resolução.

Os avanços na tecnologia de semicondutores permitiram o desenvolvimento de processadores, chips de memória e sensores de alto desempenho, impulsionando a evolução de dispositivos mais inteligentes, mais eficientes e mais conectados. Por exemplo, o desenvolvimento de materiais semicondutores avançados e de técnicas de fabrico conduziu à criação de processadores potentes que suportam aplicações de inteligência artificial (IA) e de aprendizagem automática em smartphones.

Telecomunicações

O sector das telecomunicações depende fortemente dos semicondutores para apoiar a infraestrutura necessária às redes de comunicação modernas. Os semicondutores são utilizados em vários componentes dos sistemas de comunicação, incluindo:

• **Estações de base:** Os semicondutores são utilizados nos transceptores e processadores de sinais das estações de base, permitindo comunicações sem fios de alta velocidade.

• Comunicação por fibra ótica: Os lasers e fotodetectores semicondutores são essenciais para a transmissão e receção de dados em redes de fibras ópticas.

• Comunicação por satélite: Os semicondutores são utilizados nos transponders e nas unidades de processamento de sinais dos satélites de comunicações.

Os avanços contínuos na tecnologia de semicondutores facilitaram o desenvolvimento de redes 5G, que oferecem velocidades de dados mais rápidas, menor latência e melhor conetividade, apoiando a procura crescente de aplicações de elevada largura de banda, como a transmissão de vídeo, a realidade virtual e a Internet das Coisas (IoT).

Cuidados de saúde

No sector da saúde, os semicondutores são fundamentais para o desenvolvimento de dispositivos médicos e equipamento de diagnóstico. Exemplos de aplicações de semicondutores no sector da saúde incluem:

• Imagiologia médica: Os semicondutores são utilizados nos detectores e processadores de imagem de dispositivos de imagiologia médica, como máquinas de raios X, scanners de ressonância magnética e sistemas de ultra-sons.

• Dispositivos implantáveis: Os semicondutores permitem a funcionalidade de dispositivos médicos implantáveis, como pacemakers, bombas de insulina e implantes cocleares.

• Monitores de saúde portáteis: Os semicondutores alimentam os dispositivos portáteis que monitorizam os sinais vitais, a atividade física e outros parâmetros de saúde, fornecendo dados valiosos aos prestadores de cuidados de saúde e aos pacientes.

Os avanços na tecnologia de semicondutores levaram ao desenvolvimento de dispositivos médicos mais precisos, eficientes e portáteis, melhorando os cuidados e os resultados para os pacientes.

Indústria automóvel

A indústria automóvel sofreu transformações significativas com a integração da tecnologia de semicondutores. Os semicondutores são utilizados em várias aplicações automóveis, incluindo:

- **Unidades de controlo do motor (ECUs):** Os semicondutores são utilizados em ECUs para otimizar o desempenho do motor, reduzir as emissões e melhorar a eficiência do combustível.

- **Sistemas avançados de assistência ao condutor (ADAS):** Os semicondutores permitem a funcionalidade das características ADAS, como o controlo de velocidade de cruzeiro adaptativo, a assistência à manutenção na faixa de rodagem e os sistemas anticolisão.

- **Veículos eléctricos e híbridos:** Os semicondutores são essenciais para o funcionamento dos veículos eléctricos e híbridos, incluindo a gestão da energia, o carregamento da bateria e o controlo do motor.

A transição para veículos autónomos depende fortemente da tecnologia avançada de semicondutores para suportar os complexos requisitos de processamento, deteção e comunicação dos sistemas de condução autónoma.

Aplicações industriais

Nas aplicações industriais, os semicondutores desempenham um papel crucial nos sistemas de automação, controlo e monitorização. Exemplos de aplicações de semicondutores na indústria incluem:

- **Controladores lógicos programáveis (PLCs):** Os semicondutores são utilizados em PLCs para controlar processos industriais e maquinaria.

- **Robótica:** Os semicondutores permitem a funcionalidade dos sistemas robóticos, incluindo sensores, actuadores e unidades de controlo.

- **Gestão de energia:** Os semicondutores são utilizados na eletrónica de potência para sistemas de gestão de energia, incluindo fontes de energia renováveis, redes inteligentes e soluções de armazenamento de energia.

Os avanços na tecnologia dos semicondutores facilitaram o desenvolvimento de sistemas industriais mais eficientes, fiáveis e expansíveis, impulsionando a produtividade e a inovação.

Tecnologias emergentes

Os semicondutores estão na vanguarda das tecnologias emergentes que têm o potencial de transformar vários sectores. Alguns exemplos de tecnologias emergentes impulsionadas pelos semicondutores incluem:

- **Inteligência Artificial (IA):** Os dispositivos semicondutores avançados, como as unidades de processamento neural (NPU) e as unidades de processamento tensorial (TPU), foram concebidos para acelerar as tarefas de IA e de aprendizagem automática, permitindo o processamento de dados e a tomada de decisões em tempo real.

- **Computação quântica:** Os semicondutores são utilizados no desenvolvimento de bits quânticos (qubits) para computadores quânticos, que têm o potencial de resolver problemas complexos que estão para além das capacidades dos computadores clássicos.

· Internet das Coisas (IoT): Os semicondutores permitem a conetividade e as capacidades de processamento dos dispositivos IoT, que são utilizados em casas inteligentes, cidades inteligentes e aplicações IoT industriais.

A inovação contínua na tecnologia de semicondutores está a impulsionar o desenvolvimento de novos materiais, dispositivos e arquitecturas que irão moldar o futuro da tecnologia.

Conclusão

Os semicondutores são a pedra angular da eletrónica moderna, permitindo o desenvolvimento de uma vasta gama de dispositivos e sistemas que impulsionam os avanços tecnológicos em vários domínios. Desde as primeiras descobertas na física dos semicondutores até à invenção do transístor e ao desenvolvimento de circuitos integrados, o percurso dos semicondutores tem sido marcado por marcos significativos que revolucionaram o mundo.

A importância dos semicondutores na tecnologia moderna não pode ser exagerada. São o cérebro por detrás da eletrónica de consumo, das telecomunicações, dos dispositivos de saúde, dos sistemas automóveis, das aplicações industriais e das tecnologias emergentes. À medida que continuamos a alargar os limites da tecnologia de semicondutores, podemos esperar soluções ainda mais inovadoras e transformadoras que irão moldar o futuro do nosso mundo.

CAPÍTULO 2
CONCEITOS BÁSICOS DE FÍSICA DE SEMICONDUTORES

Introdução

A compreensão dos semicondutores requer um conhecimento fundamental da estrutura atómica, das ligações e do comportamento dos electrões nos materiais. Este capítulo aborda estes conceitos básicos, explorando a forma como a disposição e o movimento dos electrões influenciam as propriedades eléctricas dos semicondutores. Abordaremos a teoria atómica, as bandas de energia e o papel fundamental dos portadores de carga, electrões e buracos, na determinação da condutividade dos materiais semicondutores.

Estrutura atómica e ligações

Para compreender a física dos semicondutores, é essencial começar pelos blocos de construção básicos da matéria: os átomos. Os átomos são constituídos por um núcleo, composto por protões e neutrões, rodeado por electrões que ocupam níveis de energia discretos ou cascas. A disposição destes electrões e a natureza da sua ligação determinam as propriedades eléctricas e físicas dos materiais.

Teoria atómica

A teoria atómica descreve a estrutura dos átomos em termos de um núcleo central e dos electrões que o rodeiam. O núcleo contém protões de carga positiva e neutrões neutros, enquanto os electrões de carga negativa orbitam o núcleo em vários níveis de energia ou camadas. O comportamento dos electrões nestes níveis de energia é regido pelos princípios da mecânica quântica.

Cada elemento tem um número específico de protões, conhecido como número atómico, que define a sua identidade química. Os electrões ocupam os níveis de energia de forma a minimizar a energia total do átomo, preenchendo primeiro os níveis de energia mais baixos disponíveis. A distribuição dos electrões por estes níveis obedece ao princípio de exclusão de Pauli, que estabelece que não há dois electrões que possam ocupar o mesmo estado quântico simultaneamente.

Configuração dos electrões

A configuração eletrónica de um átomo refere-se à disposição dos electrões nos seus níveis de energia. Por exemplo, um átomo de silício, que é fundamental para a tecnologia de semicondutores, tem 14 electrões. Estes electrões estão distribuídos na seguinte configuração: $1s^2\ 2s^2\ 2p^6\ 3s^2\ 3p^2$. Os electrões da camada mais externa, conhecidos como electrões de valência, desempenham um papel crucial na determinação das propriedades de ligação e eléctricas do átomo.

Ligação atómica

A natureza da ligação atómica num material é fundamental para compreender as suas propriedades eléctricas. Existem vários tipos de ligações atómicas, mas a ligação covalente é particularmente importante nos semicondutores.

• **Ligação covalente:** Na ligação covalente, os átomos partilham pares de electrões de valência para obter uma configuração eletrónica estável. Este tipo de ligação é predominante em materiais semicondutores como o silício e o germânio. Cada átomo de silício forma quatro ligações covalentes com os átomos de silício vizinhos, criando uma estrutura tetraédrica estável.

• **Ligação iónica: A ligação iónica** ocorre quando os átomos transferem electrões para obter estabilidade, resultando na formação de iões com carga positiva e negativa. Este tipo de ligação é comum em materiais como o cloreto de sódio, mas é menos relevante para os semicondutores.

•**Ligação metálica:** Na ligação metálica, os electrões podem mover-se livremente pelo material, criando um "mar de electrões" que facilita a condutividade eléctrica. Embora a ligação metálica seja crucial para os condutores, não é uma caraterística dos materiais semicondutores.

A ligação covalente nos semicondutores leva à formação de uma estrutura de rede cristalina, em que cada átomo está rodeado por um número fixo de vizinhos mais próximos. Esta disposição ordenada influencia as propriedades eléctricas do material, criando uma estrutura de bandas de energia.

Bandas de energia: Condutores, Isolantes e Semicondutores

O conceito de bandas de energia é fundamental para compreender porque é que os materiais se comportam como condutores, isoladores ou semicondutores. As bandas de energia são intervalos de níveis de energia que os electrões podem ocupar num sólido. A disposição e a população destas bandas de energia determinam as propriedades eléctricas do material.

Formação de Bandas de Energia Em átomos isolados, os electrões ocupam níveis de energia discretos. No entanto, quando os átomos formam um sólido, as suas orbitais atómicas sobrepõem-se e os níveis de energia discretos alargam-se em bandas de energia devido à interação entre os átomos. Existem duas bandas de energia primárias num sólido:

•**Banda de valência:** A banda de valência é a gama mais elevada de níveis de energia que estão total ou parcialmente preenchidos com electrões no seu estado fundamental. Os electrões na banda de valência estão envolvidos na formação de ligações químicas entre átomos.

•**Banda de condução:** A banda de condução é a gama de níveis de energia acima da banda de valência que os electrões podem ocupar quando ganham energia suficiente para se libertarem das suas ligações atómicas. Os electrões na banda de condução são livres de se moverem através do material, contribuindo para a condutividade eléctrica.

Bandgap e propriedades eléctricas

O intervalo de energia (bandgap) entre a banda de valência e a banda de condução é um fator crítico na determinação das propriedades eléctricas de um material. O tamanho do intervalo de energia diferencia condutores, isolantes e semicondutores:

•**Condutores:** Nos condutores, como os metais, a banda de valência e a banda de condução sobrepõem-se, permitindo que os electrões se movam livremente entre elas. Esta sobreposição significa que, mesmo a baixas temperaturas, há muitos electrões livres disponíveis para conduzir eletricidade. Como resultado, os condutores têm uma condutividade eléctrica muito elevada.

•**Isoladores:** Nos isoladores, como o diamante ou o vidro, o intervalo entre bandas é muito grande, normalmente superior a 3 eV (electrões-volt). Este grande intervalo de banda significa que os electrões na banda de valência necessitam de uma quantidade significativa de energia para saltar para a banda de condução. A temperaturas normais, muito poucos electrões têm energia suficiente para fazer esta transição, o que resulta numa condutividade eléctrica negligenciável.

•**Semicondutores:** Os semicondutores, como o silício e o germânio, têm um intervalo de banda moderado, normalmente entre 0,1 e 2,5 eV. Este intervalo de banda moderado permite o controlo das suas propriedades eléctricas. À temperatura ambiente, uma pequena fração de electrões pode ganhar energia suficiente para saltar da banda de valência para a banda de condução, permitindo um nível moderado de condutividade eléctrica. A condutividade dos semicondutores pode ser significativamente alterada através da dopagem e de outras técnicas.

Dependência da temperatura

A condutividade eléctrica dos semicondutores é altamente dependente da temperatura. À medida que a temperatura aumenta, mais electrões ganham energia térmica suficiente para saltar da banda de valência para a banda de condução, aumentando a condutividade do material. Este comportamento contrasta com o dos condutores, em que o aumento da temperatura conduz normalmente a um aumento das vibrações da rede (fónons), dispersando os electrões livres e reduzindo a condutividade.

A dependência da temperatura da condutividade dos semicondutores é descrita pela equação de Arrhenius:

$$\sigma(T) = \sigma_0 e^{-\frac{E_g}{2kT}}$$

Onde:

- $\sigma(T)$ é a condutividade à temperatura
- $\sigma 0$ é um fator pré-exponencial,
- E_g é a energia de banda,
- k é a constante de Boltzmann,
- T é a temperatura absoluta.

Esta equação ilustra que, à medida que a temperatura aumenta, o termo exponencial diminui, levando a uma maior condutividade.

Portadores de carga: Electrões e buracos

Nos semicondutores, a corrente eléctrica é transportada por dois tipos de portadores de carga: electrões e buracos. Compreender estes portadores e o seu comportamento é crucial para perceber como os semicondutores conduzem a eletricidade.

Electrões

Os electrões são partículas com carga negativa que ocupam níveis de energia num átomo ou sólido. No contexto dos semicondutores, concentramo-nos nos electrões de condução - aqueles que ganharam energia suficiente para passar da banda de valência para a banda de condução. Estes electrões são livres de se moverem através da rede cristalina, contribuindo para a condutividade eléctrica. Quando uma tensão externa é aplicada a um semicondutor, os electrões de condução aceleram na direção oposta ao campo elétrico. O seu movimento constitui uma corrente eléctrica. A mobilidade dos electrões, definida como a facilidade com que se podem mover através do material, é um parâmetro-chave que influencia a condutividade do semicondutor.

Furos

Os buracos são a ausência de electrões na banda de valência, actuando como portadores de carga positiva. Quando um eletrão na banda de valência ganha energia suficiente para saltar para a banda de condução, deixa para trás uma vaga, ou "buraco". Este buraco comporta-se como se fosse uma partícula de carga positiva, porque a ausência de uma carga negativa num ambiente neutro cria uma carga positiva efectiva. Os buracos podem mover-se através da rede cristalina à medida que os electrões dos átomos vizinhos preenchem a vaga, criando um novo buraco no processo. Este movimento de buracos na banda de valência também constitui uma corrente eléctrica. A mobilidade dos buracos é normalmente inferior à dos electrões devido à sua maior massa efectiva e à natureza do seu movimento através da rede.

Geração de portadores e recombinação

A geração e a recombinação de portadores de carga são processos fundamentais nos semicondutores. Estes processos determinam o número de electrões livres e de buracos disponíveis para a condução.

•**Geração de portadores:** A geração de portadores ocorre quando os electrões ganham energia suficiente para saltar da banda de valência para a banda de condução, criando pares eletrão-buraco. Isto pode acontecer através da excitação térmica, da absorção de fotões (em fotodetectores e células solares) ou da ionização por impacto (em que os electrões de alta energia fazem saltar outros electrões para a banda de condução).

•**Recombinação de portadores:** A recombinação de portadores é o processo em que os electrões livres na banda de condução se transformam em buracos na banda de valência, aniquilando tanto o eletrão como o buraco. A recombinação pode ocorrer de forma radiativa (emitindo um fotão) ou não radiativa (transferindo energia para a rede).

O equilíbrio entre a geração e a recombinação determina a concentração de portadores em estado estacionário num semicondutor. A taxa destes processos é influenciada por factores como a temperatura, os níveis de dopagem e a presença de centros de recombinação (defeitos ou impurezas que facilitam a recombinação).

Semicondutores intrínsecos e extrínsecos

A distinção entre semicondutores intrínsecos e extrínsecos baseia-se na fonte de portadores de carga.

•**Semicondutores intrínsecos:** Os semicondutores intrínsecos são materiais puros sem impurezas significativas. O número de portadores de carga é determinado pelas propriedades intrínsecas do material, tais como o intervalo entre bandas e a temperatura. Nos semicondutores intrínsecos, o número de electrões é igual ao número de orifícios (n=pn = pn=p), e a concentração intrínseca de portadores (nin_ini) depende do material e da temperatura.

•**Semicondutores extrínsecos:** Os semicondutores extrínsecos são dopados com impurezas para introduzir portadores de carga adicionais. A dopagem pode aumentar significativamente a concentração de portadores e alterar as propriedades eléctricas do semicondutor. Existem dois tipos de semicondutores extrínsecos:

i. **Semicondutores do tipo n:** Dopados com átomos doadores (por exemplo, fósforo no silício) que têm mais electrões de valência do que o material hospedeiro. Esta dopagem introduz electrões livres adicionais na banda de condução, tornando os electrões os portadores maioritários e os buracos os portadores minoritários.

ii. **Semicondutores do tipo p:** Dopados com átomos aceitadores (por exemplo, boro no silício) que têm menos electrões de valência do que o material hospedeiro. Esta dopagem cria buracos na banda de valência, tornando os buracos os portadores maioritários e os electrões os portadores minoritários.

A introdução controlada de dopantes permite a manipulação precisa das propriedades eléctricas de um semicondutor, possibilitando a criação de vários componentes e dispositivos electrónicos.

Resumo

Os conceitos básicos da física dos semicondutores - estrutura e ligações anatómicas, bandas de energia e portadores de carga - constituem a base para compreender como funcionam os semicondutores e como podem ser concebidos para aplicações específicas. Ao explorar estes princípios, ficamos a conhecer os mecanismos que regem o comportamento dos semicondutores e o seu papel fundamental na tecnologia moderna.

Nos capítulos seguintes, iremos aprofundar dispositivos semicondutores específicos, como díodos e transístores, e explorar a sua conceção, funcionamento e aplicações. A compreensão da física fundamental abordada neste capítulo fornecerá a base necessária para apreciar as complexidades e inovações da tecnologia de semicondutores.

CAPÍTULO 3

TIPOS DE SEMICONDUTORES

Os semicondutores existem em vários tipos, cada um com propriedades e aplicações distintas. Neste capítulo, exploramos as diferentes classificações dos semicondutores, incluindo os semicondutores intrínsecos, os semicondutores extrínsecos (tanto do tipo n como do tipo p) e os semicondutores compostos. Compreender estas classificações é essencial para compreender o comportamento e as funcionalidades dos materiais semicondutores em dispositivos e sistemas electrónicos.

1. Semicondutores intrínsecos

Os semicondutores intrínsecos são materiais semicondutores puros, sem adição intencional de impurezas. Caracterizam-se pelas suas propriedades eléctricas intrínsecas, que são determinadas principalmente por factores como a energia de bandgap e a temperatura.

Estrutura de banda dos semicondutores intrínsecos

Num semicondutor intrínseco, o nível de Fermi situa-se próximo do meio do intervalo de energia, indicando um equilíbrio entre a população de electrões na banda de valência e a população de buracos na banda de condução. À temperatura de zero absoluto (0 K), o nível de Fermi coincide com o nível de energia do máximo da banda de valência, e o material comporta-se como um isolador. No entanto, à medida que a temperatura aumenta, a energia térmica excita os electrões através da banda de valência, gerando pares eletrão-buraco e aumentando a condutividade do material.

Concentração de portadores intrínsecos

A concentração intrínseca de portadores ηi de um semicondutor intrínseco é a concentração de pares eletrão-buraco que existem em equilíbrio térmico a uma determinada temperatura. É determinada principalmente pela energia de bandgap (Eg) do material e pela massa efectiva dos portadores de carga. Para o silício (Si), por exemplo, com um intervalo de energia de aproximadamente 1,1 eV, a concentração intrínseca de portadores à temperatura ambiente (T=300 K) é da ordem de 10^{10} a 10^{12} portadores por centímetro cúbico.

Dependência da temperatura

A concentração intrínseca de portadores num semicondutor aumenta com a temperatura devido ao aumento da energia térmica disponível para promover os electrões através do intervalo. Este comportamento é descrito pela seguinte equação, conhecida como a equação da concentração intrínseca de portadores:

$$n_i(T) = N_c \cdot N_v \cdot e^{-\frac{E_g}{2kT}}$$

where:

- $n_i(T)$ is the intrinsic carrier concentration at temperature T,
- N_c and N_v are the effective densities of states in the conduction and valence bands, respectively,
- E_g is the bandgap energy,
- k is Boltzmann's constant, and
- T is the absolute temperature.

2. Semicondutores extrínsecos: tipo n e tipo p

Os semicondutores extrínsecos são materiais semicondutores que foram intencionalmente dopados com impurezas para alterar as suas propriedades eléctricas. A adição de impurezas introduz portadores de carga extra no material, afectando significativamente a sua condutividade e outras características.

a. Semicondutores do tipo n

Os semicondutores do tipo n são materiais dopados com impurezas dadoras, como o fósforo (P), o arsénio (As) ou o antimónio (Sb), que possuem mais electrões de valência do que o material semicondutor hospedeiro. Estes electrões extra tornam-se portadores de carga maioritária no material, contribuindo para a sua condutividade.

Estrutura de banda de semicondutores do tipo n

Num semicondutor do tipo n, os átomos de impurezas dadores introduzem níveis de energia dentro do intervalo de energia próximo da banda de condução. Estes níveis de energia são preenchidos com electrões doados pelos átomos de impurezas, que estão relativamente pouco ligados. Em consequência, os semicondutores do tipo n têm um excesso de electrões livres na banda de condução, o que conduz a uma elevada condutividade eletrónica.

Concentração de portadores em semicondutores do tipo n

A concentração de portadores em semicondutores do tipo n (n) é determinada principalmente pela concentração de átomos de impureza doadores (Nd) e pela temperatura. Em equilíbrio, a concentração de portadores maioritários (n) excede largamente a concentração de portadores minoritários (p), resultando num material predominantemente condutor de electrões.

Semicondutores do tipo p

Os semicondutores do tipo p são materiais dopados com impurezas aceitadoras, como o boro (B), o alumínio (Al) ou o gálio (Ga), que têm menos electrões de valência do que o material semicondutor hospedeiro. Estas impurezas criam buracos (vacâncias na banda de valência), que se tornam portadores de carga maioritários no material, facilitando a condução de buracos.

Estrutura de banda dos semicondutores do tipo p

Num semicondutor do tipo p, os átomos de impureza aceitadores introduzem níveis de energia dentro do intervalo de energia próximo da banda de valência. Estes níveis de energia são preenchidos com buracos gerados pela ausência de electrões associados aos átomos aceitadores. Como resultado, os semicondutores do tipo p têm um excesso de buracos na banda de valência, levando a uma elevada condutividade de buracos.

Concentração de portadores em semicondutores do tipo p

A concentração de portadores em semicondutores do tipo p (p) é determinada principalmente pela concentração de átomos de impureza aceitadores (Na) e pela temperatura. No equilíbrio, a concentração de portadores maioritários (p) excede largamente a concentração de portadores minoritários (n), resultando num material predominantemente condutor de buracos.

3. Semicondutores compostos

Os semicondutores compostos são materiais compostos por dois ou mais elementos de diferentes grupos da tabela periódica. Ao contrário dos semicondutores elementares, como o silício e o germânio, que são constituídos por um único elemento, os semicondutores compostos combinam elementos para formar compostos com propriedades eléctricas e ópticas únicas.

Exemplos de semicondutores compostos

Existem numerosos semicondutores compostos com composições e propriedades diversas. Alguns exemplos comuns incluem:

• **Arsenieto de gálio (GaAs):** O GaAs é um semicondutor composto III-V constituído por gálio (Ga) e arsénio (As). Apresenta uma excelente mobilidade de electrões e uma elevada velocidade de electrões, o que o torna adequado para dispositivos electrónicos de alta frequência, tais como amplificadores de micro-ondas e circuitos digitais de alta velocidade.

• **Fosforeto de índio (InP):** O InP é outro semicondutor composto III-V constituído por índio (In) e fósforo (P). Tem um intervalo de banda mais estreito do que o GaAs, o que o torna adequado para dispositivos optoelectrónicos, como díodos emissores de luz (LED), díodos laser e fotodetectores.

• **Telureto de Cádmio (CdTe):** O CdTe é um semicondutor composto II-VI constituído por cádmio (Cd) e telúrio (Te). É amplamente utilizado em células solares de película fina devido ao seu elevado coeficiente de absorção e excelentes propriedades fotovoltaicas.

Propriedades dos semicondutores compostos

Os semicondutores compostos apresentam frequentemente propriedades eléctricas, ópticas e térmicas superiores às dos semicondutores elementares. A capacidade de adaptar o seu bandgap, a mobilidade dos electrões e outras características através do ajuste da composição e da estrutura cristalina torna-os altamente desejáveis para várias aplicações.

Aplicações de semicondutores compostos

Os semicondutores compostos encontram aplicações numa vasta gama de dispositivos electrónicos e optoelectrónicos, incluindo:

• **Díodos emissores de luz (LED):** Os semicondutores compostos, como o nitreto de gálio (GaN) e o nitreto de índio e gálio (InGaN), são normalmente utilizados em iluminação LED e ecrãs devido às suas propriedades eficientes de emissão de luz.

• **Células solares:** Os semicondutores compostos, como o telureto de cádmio (CdTe) e o seleneto de cobre, índio e gálio (CIGS), são utilizados em células solares de película fina para converter a luz solar em eletricidade com elevada eficiência.

• **Eletrónica de alta frequência:** O arsenieto de gálio (GaAs) e outros semicondutores compostos são utilizados em dispositivos electrónicos de alta frequência, como amplificadores de micro-ondas, sistemas de radar e circuitos digitais de alta velocidade.

• **Dispositivos optoelectrónicos:** Os semicondutores compostos são essenciais para o desenvolvimento de dispositivos optoelectrónicos, como díodos laser, fotodetectores e fibras ópticas utilizados em aplicações de telecomunicações, deteção e imagiologia.

Conclusão

Os semicondutores desempenham um papel vital na tecnologia moderna, alimentando uma vasta gama de dispositivos e sistemas electrónicos. Compreender os diferentes tipos de semicondutores - sejam eles intrínsecos, extrínsecos (tipo n e tipo p) ou compostos - é essencial para a conceção e engenharia de dispositivos baseados em semicondutores com funcionalidades e características de desempenho específicas.

Neste capítulo, explorámos as propriedades fundamentais e as aplicações de cada tipo de semicondutor, desde o comportamento intrínseco dos materiais semicondutores puros até às propriedades eléctricas e ópticas específicas dos semicondutores compostos. Ao tirar partido das propriedades únicas dos diferentes materiais semicondutores, os engenheiros e cientistas podem continuar a inovar e a desenvolver tecnologias avançadas que moldam o nosso mundo.

CAPÍTULO 4

PROPRIEDADES ELÉCTRICAS DOS SEMICONDUTORES

Os semicondutores são materiais com propriedades eléctricas únicas que se situam entre as dos condutores e as dos isoladores. A compreensão destas propriedades é essencial para a conceção e engenharia de dispositivos semicondutores com funcionalidades específicas. Neste capítulo, aprofundamos as propriedades eléctricas dos semicondutores, incluindo a condutividade e a resistividade, a concentração e a mobilidade dos portadores e a sua dependência da temperatura.

1. Condutividade e Resistividade

A condutividade (σ) e a resistividade (ρ) são propriedades eléctricas fundamentais que caracterizam a capacidade de um material para conduzir ou resistir ao fluxo de corrente eléctrica, respetivamente. Nos semicondutores, estas propriedades são influenciadas por factores como a concentração de portadores, a mobilidade e a temperatura.

a. Condutividade

A condutividade é uma medida da facilidade com que um material permite a passagem de corrente eléctrica através dele. Nos semicondutores, a condutividade é determinada principalmente pela concentração e mobilidade dos portadores de carga (electrões e buracos) e pode ser expressa matematicamente da seguinte forma

$$\sigma = q \cdot (n \cdot \mu_n + p \cdot \mu_p)$$

where:

- σ is the conductivity,
- q is the elementary charge (1.6×10^{-19} C),
- n is the electron concentration,
- p is the hole concentration,
- μ_n is the electron mobility, and
- μ_p is the hole mobility.

Os semicondutores intrínsecos têm uma condutividade relativamente baixa à temperatura ambiente devido à sua concentração limitada de portadores. A dopagem extrínseca pode aumentar significativamente a condutividade através da introdução de portadores de carga adicionais no material.

b. Resistividade

A resistividade é o recíproco da condutividade e mede a resistência de um material ao fluxo de corrente eléctrica. É expressa como:

ρ=1/σ

A resistividade é normalmente medida em ohm-metros (Ω m) e é influenciada por factores como a concentração de portadores, a mobilidade e a temperatura. Nos dispositivos semicondutores, o controlo da resistividade é crucial para obter o desempenho elétrico desejado e minimizar o consumo de energia.

2. Concentração e mobilidade do transportador

A concentração de portadores (n e p) e a mobilidade (μn e μp) são parâmetros fundamentais que descrevem o comportamento dos portadores de carga nos semicondutores. Estes parâmetros determinam a condutividade eléctrica e o desempenho dos dispositivos semicondutores.

i. Concentração do transportador

A concentração de portadores refere-se ao número de portadores de carga (electrões ou buracos) por unidade de volume num material semicondutor. Nos semicondutores intrínsecos, a concentração de portadores é determinada pela concentração intrínseca de portadores (ni) a uma dada temperatura e pode ser expressa como

$$n = p = ni$$

Nos semicondutores extrínsecos, a concentração de portadores é influenciada pelo nível de dopagem e pode ser significativamente mais elevada do que a concentração intrínseca de portadores. A concentração dos portadores de carga maioritários (electrões ou buracos) excede normalmente em muito a dos portadores minoritários devido ao processo de dopagem.

ii. Mobilidade

A mobilidade dos portadores (μn e μp) mede a rapidez com que os portadores de carga se movem em resposta a um campo elétrico. É influenciada por factores como os mecanismos de dispersão, os defeitos do cristal e a temperatura. A mobilidade dos portadores de carga nos semicondutores pode ser descrita utilizando as seguintes equações:

$$\mu_n = \frac{q\tau_n}{m_n}$$

$$\mu_p = \frac{q\tau_p}{m_p}$$

where:

- μ_n and μ_p are the electron and hole mobilities, respectively,
- q is the elementary charge (1.6×10^{-19} C)),
- τ_n and τ_p are the electron and hole lifetimes, respectively, and
- m_n and m_p are the electron and hole effective masses, respectively.

A mobilidade é normalmente expressa em unidades de centímetros quadrados por volt-segundo (cm²/Vs) e varia com a temperatura e o nível de dopagem. Uma maior mobilidade dos portadores conduz a um transporte de carga mais rápido e a uma maior condutividade nos materiais semicondutores.

3. Dependência da temperatura

As propriedades eléctricas dos semicondutores, incluindo a condutividade, a resistividade, a concentração de portadores e a mobilidade, são fortemente influenciadas pela temperatura. Compreender a dependência destas propriedades em relação à temperatura é essencial para prever o desempenho dos dispositivos e conceber sistemas de semicondutores fiáveis.

a. Concentração de portadores intrínsecos

A concentração intrínseca de portadores (ni) de um material semicondutor aumenta com a temperatura, devido ao aumento da energia térmica disponível para promover os electrões através do intervalo. Este comportamento pode ser descrito pela seguinte equação:

$$n_i(T) = N_c \cdot N_v \cdot e^{-\frac{E_g}{2kT}}$$

onde:

- Nc e Nv são as densidades efectivas de estados nas bandas de condução e de valência, respetivamente,

- Eg é a energia de banda,
- k é a constante de Boltzmann, e
- T é a temperatura absoluta.

À medida que a temperatura aumenta, mais electrões são excitados da banda de valência para a banda de condução, levando a um aumento do número de pares eletrão-buraco e da concentração intrínseca de portadores.

b. Mobilidade e Resistividade

A mobilidade dos portadores de carga nos semicondutores diminui normalmente com o aumento da temperatura devido ao aumento da dispersão das vibrações da rede (fões) e das impurezas. Este fenómeno é conhecido como dispersão de fões e conduz a uma diminuição da mobilidade dos portadores e a um aumento da resistividade.

c. Coeficiente de resistência à temperatura

O coeficiente de resistência à temperatura (α) quantifica a variação da resistividade com a temperatura e é definido como a variação percentual da resistência por grau Celsius

$$\alpha = \frac{1}{R_0} \cdot \frac{\Delta R}{\Delta T}$$

- Ro é a resistência a uma temperatura de referência To,
- ΔR é a variação da resistência,
- ΔT é a variação da temperatura.

Os materiais semicondutores têm normalmente um coeficiente negativo de resistência à temperatura, o que significa que a sua resistência diminui com o aumento da temperatura. Este comportamento é vantajoso em muitas aplicações, tais como sensores de temperatura e termístores.

Conclusão

As propriedades eléctricas dos semicondutores, incluindo a condutividade, a resistividade, a concentração de portadores, a mobilidade e a sua dependência da temperatura, desempenham um papel crucial na determinação do desempenho e da funcionalidade dos dispositivos semicondutores. Ao compreender estas propriedades e os seus princípios subjacentes, os engenheiros e cientistas podem conceber e otimizar materiais e dispositivos semicondutores para uma vasta gama de aplicações, desde a microeletrónica aos sistemas de energias renováveis e muito mais. A investigação e a inovação contínuas em materiais semicondutores e tecnologia de dispositivos conduzirão a avanços na eletrónica, comunicações, energia e outros domínios, moldando o futuro da tecnologia e da sociedade.

CAPÍTULO 5

JUNÇÕES PN - FORMAÇÃO E PROPRIEDADES

Uma junção p-n é um elemento fundamental no domínio da eletrónica de semicondutores. Constitui a base de vários dispositivos electrónicos, incluindo díodos, transístores, células solares e circuitos integrados. Compreender a formação e as propriedades das junções p-n é essencial para compreender o funcionamento destes dispositivos e para desenvolver novas tecnologias de semicondutores.

Formação de junções p-n Noções básicas de semicondutores

Os semicondutores são materiais cuja condutividade eléctrica se situa entre a dos condutores e a dos isoladores. O silício (Si) e o germânio (Ge) são os semicondutores mais utilizados. A propriedade intrínseca de um semicondutor pode ser modificada através da introdução de impurezas na sua estrutura cristalina, um processo conhecido como dopagem.

•**Semicondutores intrínsecos**: Semicondutores puros sem quaisquer impurezas significativas. Têm igual número de electrões e buracos (portadores de carga positiva).

•**Semicondutores extrínsecos**: Semicondutores dopados com impurezas específicas para controlar o número de portadores de carga livre.

i.**Semicondutores do tipo n**: Dopados com átomos dadores (por exemplo, fósforo no silício) que fornecem electrões adicionais.

ii. **Semicondutores do tipo p**: Dopados com átomos aceitadores (por exemplo, boro no silício) que criam buracos adicionais.

Formação da junção p-n

Uma junção p-n é criada pela união de um semicondutor do tipo p com um semicondutor do tipo n. Isto pode ser conseguido através de vários métodos, incluindo difusão, implantação de iões e crescimento epitaxial.

1. **Difusão**: Envolve a introdução de átomos de impureza no material semicondutor a altas temperaturas, permitindo que os átomos se difundam no substrato para formar a região p ou n.

2. **Implantação de iões**: Utiliza um feixe de alta energia de iões de impurezas para penetrar no substrato semicondutor e criar o perfil de dopagem desejado.

3. **Crescimento epitaxial**: Envolve a deposição de uma camada semicondutora dopada sobre um substrato com dopagem diferente, formando uma junção na interface.

Região de esgotamento

Na interface entre os materiais do tipo p e do tipo n, os electrões da região n difundem-se para a região p e recombinam-se com os buracos. Do mesmo modo, os buracos da região p difundem-se para a região n e recombinam-se com os electrões. Esta difusão de portadores de carga resulta na formação de uma região de depleção, uma região desprovida de portadores de carga livres.

- **Características da região de esgotamento:**

i. **Região de carga espacial**: Contém átomos doadores ionizados imóveis na região n e átomos aceitadores ionizados na região p.

ii. **Potencial incorporado (V_{bi})**: Forma-se um campo elétrico devido à separação de cargas, criando uma barreira de potencial que impede a difusão de portadores. O potencial incorporado é normalmente de cerca de 0,7 V para as junções p-n de silício.

Propriedades das Junções p-n Características I-V

As características corrente-tensão (I-V) de uma junção p-n são cruciais para compreender o seu comportamento em diferentes condições.

1. **Polarização direta**: Quando uma tensão positiva é aplicada à região p em relação à região n, a barreira de potencial incorporada é reduzida, permitindo que a corrente flua através da junção.

i.**Baixa polarização direta**: A corrente aumenta exponencialmente com a tensão aplicada.

ii. **Alta polarização direta**: O aumento da corrente tende a saturar devido à resistência em série e aos efeitos de injeção de alto nível.

2. **Polarização inversa**: Quando uma tensão negativa é aplicada à região p em relação à região n, a barreira de potencial aumenta, impedindo o fluxo de corrente. Apenas uma pequena corrente de fuga, devida a portadores minoritários, flui através da junção.

i.**Região de rutura**: A altas tensões inversas, a junção pode sofrer uma rutura (rutura Zener ou de avalanche), levando a um grande aumento da corrente.

$$I = I_s \left(e^{\frac{qV}{kT}} - 1 \right)$$

where I is the current, I_s is the reverse saturation current, q is the charge of an electron, V is the applied voltage, k is the Boltzmann constant, and T is the absolute temperature.

Capacitância

A capacitância de uma junção p-n resulta do armazenamento de carga na região de depleção e pode ser entendida através de dois modos primários:

1. **Capacitância de junção (C_j)**: Também conhecida como capacitância de depleção, é devida à variação da largura da região de depleção com a tensão aplicada.

$$C_j = \frac{\epsilon A}{W}$$

em que ϵ é a permissividade do semicondutor, A é a área da junção e W é a largura da região de depleção. Cj é inversamente proporcional à largura da região de depleção, que varia com a tensão aplicada.

2. **Capacitância de difusão (C_d)**: Na polarização direta, é devida à carga armazenada dos portadores minoritários injetados nas regiões quase neutras.

$$C_d \propto I\tau$$

Onde I é a corrente direta e τ é o tempo de vida do portador.

Armazenamento de carga e resposta transitória

A junção p-n apresenta efeitos de armazenamento de carga, particularmente em condições de polarização direta, conduzindo a respostas transitórias:

1. **Tempo de armazenamento**: Quando se muda da polarização direta para a polarização inversa, a carga armazenada na região de depleção demora algum tempo a recombinar-se, conduzindo a uma corrente transitória. Isto é caracterizado pelo tempo de vida do portador minoritário e pela constante de tempo de armazenamento.

2. **Tempo de recuperação inversa**: O tempo necessário para que a corrente caia para um valor insignificante após a comutação da polarização direta para a inversa. Este parâmetro é crítico em aplicações de comutação de alta velocidade.

Dependência da temperatura

O comportamento das junções p-n depende da temperatura:

i. **Corrente de saturação inversa (I_s)**: Aumenta exponencialmente com a temperatura devido ao aumento da geração de pares eletrão-buraco.

$$I_s \propto T^3 e^{-\frac{E_g}{kT}}$$

b. Em que, Eg é a energia de banda.

ii. **Potencial incorporado (V_bi)**: Diminui com a temperatura à medida que a concentração intrínseca de portadores aumenta.

iii. **Queda de tensão de avanço**: Diminui com o aumento da temperatura, uma vez que o aumento da concentração de portadores conduz a uma barreira de potencial mais baixa.

Aplicações dos díodos de junção p-n

Os díodos de junção p-n são os dispositivos semicondutores mais simples, com aplicações em retificação, desmodulação de sinais e regulação de tensão.

i. **Rectificadores**: Convertem CA em CC, permitindo que a corrente flua apenas numa direção. Utilizados em fontes de alimentação.

ii. **Díodos Zener**: Funcionam em avaria inversa para regulação da tensão.

iii. **LEDs**: Emitem luz quando são polarizados para a frente, utilizados em ecrãs e indicadores.

Transístores

Os transístores bipolares de junção (BJT) e os transístores de efeito de campo (FET) baseiam-se em junções p-n para o seu funcionamento:

i. **BJTs**: Consistem em duas junções p-n numa configuração pnp ou npn. Utilizados para amplificação e comutação.

ii. **FETs**: Utilizam junções p-n para controlar o fluxo de corrente num canal semicondutor. Incluem JFETs e MOSFETs.

Células solares

As junções p-n são o núcleo das células fotovoltaicas, convertendo a luz em energia eléctrica. A junção foi concebida para absorver eficazmente a luz solar e gerar pares de electrões e buracos, que são depois separados pelo campo elétrico incorporado para produzir corrente.

Circuitos integrados

Os circuitos integrados (CI) modernos são constituídos por numerosas junções p-n formadas através de técnicas de fabrico avançadas. Estas junções são utilizadas em portas lógicas, células de memória e microprocessadores.

Tópicos Avançados em Junções p-n Heterojunções

Uma heterojunção é formada entre dois materiais semicondutores diferentes com diferentes bandgaps. Oferecem um desempenho superior em determinadas aplicações devido a um melhor confinamento dos portadores e a taxas de recombinação reduzidas.

i.**Transístores de elevada mobilidade eletrónica (HEMTs)**: Utilizam heterojunções para aplicações de alta velocidade e alta frequência.

ii. **Células solares de junção múltipla**: Combinam múltiplas junções p-n de diferentes materiais para captar um espetro mais amplo de luz solar, aumentando a eficiência.

Efeitos quânticos

Nos semicondutores nanoestruturados, os efeitos quânticos tornam-se significativos:

i.**Pontos Quânticos**: Junções p-n à nanoescala onde o confinamento de electrões conduz a níveis de energia discretos.

ii. **Díodos de túnel**: Utilizam o tunelamento quântico através de uma região de depleção estreita para comutação ultra-rápida.

Ruído em junções p-n

O ruído nos dispositivos de junção p-n pode afetar o seu desempenho, particularmente em aplicações de baixo sinal:

i. **Ruído térmico**: Resulta do movimento aleatório dos portadores devido à temperatura.

ii. **Ruído de disparo**: Devido à natureza discreta dos portadores de carga.

iii.**Ruído de cintilação**: Predomina em baixas frequências, frequentemente atribuído a defeitos e impurezas no material semicondutor.

Conclusão

A junção p-n é uma pedra angular da tecnologia de semicondutores, permitindo o desenvolvimento de uma vasta gama de dispositivos electrónicos. A sua formação, caracterizada pela junção entre materiais do tipo p e do tipo n, e as suas propriedades, incluindo as características I-V, a capacitância, o armazenamento de carga e a dependência da temperatura, constituem a base para a compreensão do comportamento dos semicondutores. Conceitos avançados como as heterojunções e os efeitos quânticos expandem a utilidade das junções p-n na tecnologia moderna. À medida que a tecnologia de semicondutores continua a evoluir, o estudo das junções p-n continua a ser crucial para as inovações em eletrónica e optoelectrónica.

CAPÍTULO 6

JUNÇÕES METAL-SEMICONDUTOR E HETEROJUNÇÕES

Junções metal-semicondutor

As junções metal-semicondutor são interfaces fundamentais nos dispositivos electrónicos, desempenhando um papel crucial no funcionamento de díodos, transístores e circuitos integrados. Compreender a sua formação, propriedades e aplicações é essencial para o desenvolvimento de componentes electrónicos eficientes.

Formação de Junções Metal-Semicondutor

Uma junção metal-semicondutor é formada quando um metal entra em contacto com um material semicondutor. O comportamento desta junção depende das funções de trabalho do metal (ϕm) e do semicondutor (ϕs), bem como do tipo de semicondutor (tipo n ou tipo p).

1. **Função de trabalho (ϕ)**: A energia mínima necessária para remover um eletrão do material para um ponto no vácuo imediatamente fora do material.

2. **Afinidade eletrónica (χ)**: A energia necessária para mover um eletrão da parte inferior da banda de condução para um ponto no vácuo imediatamente fora do semicondutor.

Tipos de Junções Metal-Semicondutor

1. **Junção Schottky**: Formada quando um metal com uma função de trabalho superior à do semicondutor do tipo n ou com uma função de trabalho inferior à do semicondutor do tipo p entra em contacto com o semicondutor. Esta junção

apresenta um comportamento retificador, semelhante ao de um díodo de junção p-n.

i. **Para semicondutores de tipo n**:

- If $\phi_m > \phi_s$, a Schottky barrier is formed.
- The barrier height ϕ_B is given by:

$$\phi_B = \phi_m - \chi$$

ii. Para semicondutores de tipo p:

- If $\phi_m < \phi_s$, a Schottky barrier is formed.
- The barrier height ϕ_B is given by:

$$\phi_B = \phi_s - \phi_m + \chi$$

2. **Junção óhmica**: Formada quando um metal com uma função de trabalho inferior à do semicondutor do tipo n ou com uma função de trabalho superior à do semicondutor do tipo p entra em contacto com o semicondutor. Esta junção apresenta características I-V lineares, permitindo que a corrente flua facilmente em ambas as direcções.

i. **Para semicondutores de tipo n**:
- Se $\phi m < \phi s$, forma-se um contacto óhmico.

ii. **Para semicondutores de tipo p**:
- Se $\phi m > \phi s$, forma-se um contacto óhmico.

Diagramas de bandas de energia

O diagrama de bandas de energia ajuda a visualizar o comportamento da junção metal-semicondutor. Após o contacto, os níveis de Fermi (EF) do metal e do semicondutor alinham-se, causando uma flexão da banda no semicondutor.

1. **Junção Schottky**:
i. No caso dos semicondutores de tipo n, a banda de condução (CE) curva-se para cima perto da junção, criando uma barreira potencial para os electrões.

ii. No caso dos semicondutores de tipo p, a banda de valência (EV) curva-se para baixo perto da junção, criando uma barreira potencial para os buracos.

2. Junção óhmica:

i. No caso dos semicondutores do tipo n, a banda de condução dobra-se para baixo perto da junção, facilitando o fluxo de electrões.

ii. No caso dos semicondutores do tipo p, a banda de valência dobra-se para cima perto da junção, facilitando o fluxo de buracos.

Características I-V

1. Junção Schottky:

i. **polarização direta**: Quando o metal é polarizado positivamente em relação ao semicondutor, a altura da barreira é reduzida, permitindo a passagem de corrente.

ii. **Polarização inversa**: Quando o metal é polarizado negativamente, a altura da barreira aumenta, restringindo o fluxo de corrente. A corrente inversa é tipicamente pequena.

2. Junção óhmica:

i. Apresenta características I-V lineares com baixa resistência tanto em polarização direta como inversa, permitindo um fluxo fácil de corrente.

Aplicações das Junções Metal-Semicondutor

1. **Díodos Schottky**: Utilizados em aplicações de comutação de alta velocidade, circuitos de radiofrequência (RF) e rectificadores de potência devido à sua baixa

queda de tensão direta e velocidade de comutação rápida.

2. **Contactos óhmicos**: Essenciais no fabrico de dispositivos semicondutores para estabelecer ligações eléctricas fiáveis a várias regiões do dispositivo, tais como contactos de fonte, dreno e porta em transístores.

3. **Células solares**: As junções metal-semicondutor são utilizadas em células solares com barreira Schottky, em que a junção ajuda a separar e a recolher os portadores de carga gerados pela absorção de luz.

Heterojunções

As heterojunções formam-se quando dois materiais semicondutores diferentes, com diferentes bandgaps, entram em contacto. Oferecem vantagens distintas sobre as homojunções (junções entre o mesmo material) devido às suas propriedades electrónicas e ópticas únicas.

Formação de heterojunções

As heterojunções são normalmente formadas através de técnicas de crescimento epitaxial, em que um material semicondutor é crescido sobre outro com um intervalo de banda diferente. As constantes de rede dos dois materiais podem afetar a qualidade da heterojunção, influenciando factores como a deformação e a densidade de defeitos.

1. **Tipos de heterojunções**:

i. **Tipo I (Straddling Gap)**: O mínimo da banda de condução e o máximo da banda de valência de um material estão dentro do intervalo de banda do outro material. Os electrões e os buracos estão confinados na mesma região.

ii. **Tipo II (lacuna escalonada)**: O mínimo da banda de condução de um material é inferior ao do outro, enquanto o máximo da banda de valência também é inferior. Os electrões e os buracos estão separados nos diferentes materiais.

iii. **Tipo III (lacuna quebrada)**: O mínimo da banda de condução de um material é superior ao máximo da banda de valência do outro, criando uma grande descontinuidade de banda.

Diagramas de bandas de energia

O diagrama de bandas de energia de uma heterojunção mostra o alinhamento das bandas de condução e de valência dos dois materiais. Os desvios das bandas (ΔEC, ΔEV) são parâmetros críticos que determinam as propriedades electrónicas da heterojunção.

1. **Desvios de banda**:

i. **Desvio da banda de condução (ΔEC)**: A diferença nos mínimos da banda de condução entre os dois materiais.

ii. **Desvio da banda de valência (ΔEV)**: A diferença nos máximos da banda de valência entre os dois materiais.

Características I-V

As características I-V das heterojunções dependem do tipo de junção e do alinhamento das bandas:

1. **Heterojunção de tipo I**:

- Apresenta um comportamento de retificação semelhante ao de uma junção p-n, mas com maior confinamento de portadores e taxas de recombinação reduzidas.

2. **Heterojunção de tipo II**:

• Apresenta características únicas devido à separação espacial de electrões e buracos, que podem ser exploradas para dispositivos de alta velocidade e fotodetectores.

3. **Heterojunção de tipo III**:

• Utilizado em dispositivos de tunelamento em que os portadores podem deslocar-se através da grande descontinuidade da banda através de tunelamento quântico.

Aplicações das heterojunções

i. **Transístores de elevada mobilidade eletrónica (HEMTs)**: Utilizam heterojunções de tipo II para obter um desempenho de alta velocidade e alta frequência. A separação espacial de electrões e buracos reduz a dispersão, aumentando a mobilidade.

ii. **Transístores bipolares de heterojunção (HBTs)**: Oferecem um melhor desempenho do que os BJTs convencionais devido a um melhor confinamento de electrões e a um maior ganho de corrente. Utilizados em aplicações de RF e micro-ondas.

iii. **Lasers de poços quânticos**: Utilizam heterojunções do tipo I para confinar portadores em poços quânticos, resultando em correntes de limiar mais baixas e maior eficiência. Utilizados na comunicação ótica e no armazenamento de dados.

iv. **Fotodetectores**: As heterojunções de tipo II são utilizadas em fotodetectores para aumentar a sensibilidade e a velocidade. A separação espacial dos portadores reduz a recombinação, aumentando o tempo de resposta do dispositivo.

v. **Células solares**: As células solares de heterojunção, como as células de multi-junção, combinam diferentes materiais para captar um espetro mais amplo de luz solar, melhorando significativamente a eficiência.

CAPÍTULO 7

JUNÇÕES E HETEROJUNÇÕES METAL-SEMICONDUTORAS AVANÇADAS

Engenharia de deformação

A engenharia de deformação envolve a introdução intencional de deformação na rede de semicondutores para modificar as suas propriedades electrónicas. Esta técnica é particularmente útil em heterojunções, em que o desfasamento da rede pode induzir deformação.

1. **Efeitos de tensão**:

i. Altera a estrutura de bandas, conduzindo a alterações na mobilidade dos portadores e na massa efectiva.

ii. Pode ser utilizado para criar desvios de banda e melhorar o desempenho do dispositivo.

2. **Aplicações**:

i. Silício deformado na tecnologia CMOS para aumentar a mobilidade dos electrões e dos buracos.

ii. Poços quânticos induzidos por deformação em dispositivos optoelectrónicos para adaptar as propriedades de emissão e absorção.

Poços, fios e pontos quânticos

A nanoestruturação dos semicondutores em poços quânticos, fios e pontos pode melhorar ainda mais as propriedades das heterojunções, confinando os portadores em dimensões reduzidas.

1. **Poços Quânticos**:

i.Confinamento bidimensional de portadores.

ii. Utilizado em lasers e transístores de alta mobilidade eletrónica (HEMT) para um melhor desempenho.

2. **Fios Quânticos**:

i.Confinamento unidimensional.

ii. Oferece maior densidade de estados e melhores propriedades de transporte de portadores.

3. **Pontos Quânticos**:

i.Confinamento de dimensão zero.

ii. Os níveis de energia discretos conduzem a propriedades ópticas e electrónicas únicas, úteis na computação quântica e na optoelectrónica avançada.

Engenharia de interfaces

O desempenho de semicondutores metálicos e heterojunções pode ser significativamente influenciado pela qualidade da interface. A engenharia de interfaces visa minimizar os defeitos e otimizar as propriedades electrónicas.

1. **Técnicas**:

i.Passivação da superfície para reduzir os estados de interface e os centros de recombinação.

ii. Utilização de camadas-tampão para acomodar o desfasamento da rede e reduzir a tensão.

2. **Aplicações**:

i. Melhoria do desempenho das células solares através de interfaces passivadas.

ii. Fiabilidade e eficiência melhoradas em transístores de alta frequência.

Conclusão

As junções e heterojunções metal-semicondutor são fundamentais para o avanço da eletrónica e da optoelectrónica modernas. As junções metal-semicondutor, incluindo os contactos Schottky e óhmicos, são fundamentais no fabrico de dispositivos, oferecendo características I-V rectificadoras e lineares. As heterojunções, formadas entre diferentes materiais semicondutores, proporcionam vantagens únicas em termos de confinamento de portadores, desempenho a alta velocidade e resposta a vários comprimentos de onda, conduzindo a melhorias significativas em transístores, lasers, fotodetectores e células solares. Conceitos avançados como a engenharia de deformação, o confinamento quântico e a engenharia de interfaces continuam a alargar os limites destas junções, permitindo o desenvolvimento de dispositivos electrónicos e optoelectrónicos da próxima geração. À medida que a tecnologia evolui, a compreensão e a otimização das junções e heterojunções metal-semicondutor continuam a ser cruciais para o progresso e a inovação contínuos na indústria dos semicondutores.

CAPÍTULO 8

DÍODOS E SUAS APLICAÇÕES

Os díodos são componentes essenciais na eletrónica moderna, desempenhando papéis cruciais em vários circuitos e sistemas. Este capítulo aborda o funcionamento básico dos díodos, os diferentes tipos de díodos, incluindo os díodos Zener, Schottky, LED e fotodíodos, e as suas aplicações em vários circuitos.

Funcionamento básico da estrutura e do princípio dos díodos

Um díodo é um dispositivo semicondutor que permite que a corrente flua apenas numa direção. É constituído por uma junção p-n, formada pela união de materiais semicondutores do tipo p e do tipo n.

1. **Junção p-n:**

- **Tipo P**: Contém um excesso de buracos (portadores de carga positiva).

- **Tipo N**: Contém um excesso de electrões (portadores de carga negativa).

2. **Região de esgotamento:**

- Na junção de materiais do tipo p e do tipo n, os electrões da região n recombinam-se com os buracos da região p, criando uma região de depleção desprovida de portadores livres.

- Esta região actua como uma barreira aos portadores de carga, permitindo que a corrente flua principalmente numa direção.

Viés de avanço

Quando uma tensão positiva é aplicada ao lado p em relação ao lado n, o díodo é polarizado para a frente:

1. **Redução da barreira:**

• A tensão externa reduz a barreira de potencial incorporada.

• Os electrões e os buracos são injectados através da junção, resultando num fluxo de corrente.

2. **Características I-V:**

A corrente aumenta exponencialmente com a tensão de avanço aplicada. A relação é dada pela equação do díodo:

$$I = I_s \ e^{\frac{qV}{kT}} - 1$$

Em que I é a corrente, Is é a corrente de saturação inversa, q é a carga de um eletrão, V é a tensão aplicada, k é a constante de Boltzmann e T é a temperatura.

Polarização inversa

Quando uma tensão positiva é aplicada ao lado n em relação ao lado p, o díodo está em polarização inversa:

1. **Aumento da barreira:**

• A tensão externa aumenta a barreira de potencial incorporada.

• Apenas flui uma pequena corrente de fuga, principalmente devido a portadores minoritários.

2. **Rutura**: Com tensões inversas elevadas, a junção pode sofrer uma rutura (rutura Zener ou de avalanche), levando a um aumento significativo da corrente.

Tipos de díodos Díodo Zener

Os díodos Zener são concebidos para funcionar na região de rutura inversa.

1. **Funcionamento:**

• Na polarização direta, comportam-se como díodos normais.

- Em polarização inversa, mantêm uma tensão constante (tensão Zener) quando a tensão de rutura é atingida.

2. **Aplicações**:

- **Regulação da tensão**: Utilizada para fornecer uma tensão de referência estável.

- **Circuitos de proteção**: Protegem os componentes sensíveis contra sobretensões.

3. **Características**:

- Especificados pela sua tensão Zener (por exemplo, 5,1V, 12V).

- Disponível em várias potências.

Díodo Schottky

Os díodos Schottky são formados por uma junção metal-semicondutor, conhecidos pela sua baixa queda de tensão direta e rápida velocidade de comutação.

1. **Funcionamento**:
- A queda de tensão de avanço é tipicamente de 0,2 a 0,3 V, inferior à dos díodos de silício normais (0,7 V).
- Tempo de recuperação muito rápido devido à ausência de injeção de portadores minoritários.

2. **Aplicações**:
- **Retificação de potência**: Utilizada em fontes de alimentação para aumentar a eficiência.

- **Aplicações RF**: Utilizados em circuitos de radiofrequência devido à sua rápida comutação.

3. **Características**:

- A baixa queda de tensão de avanço reduz a perda de potência.

- O funcionamento a alta velocidade torna-os ideais para aplicações de alta frequência.

Díodo emissor de luz (LED)

Os LEDs são díodos que emitem luz quando são polarizados para a frente. São fabricados a partir de semicondutores compostos, como o arsenieto de gálio (GaAs). Os electrões recombinam-se com os buracos na região de depleção, libertando energia sob a forma de fotões (luz).

1. **Aplicações**:

- **Ecrãs**: Utilizados em ecrãs e indicadores digitais.

- **Iluminação**: Soluções de iluminação com eficiência energética.

- **Sinalização**: Utilizada nas comunicações ópticas.

2. **Características**:

- Disponível em várias cores, determinadas pelo material semicondutor e pela dopagem.

- Alta eficiência e longa vida útil.

Fotodíodo

Os fotodíodos convertem a luz em corrente eléctrica, funcionando em polarização inversa.

1. **Funcionamento**:

• Os fotões de luz geram pares eletrão-buraco na região de depleção.

• A corrente gerada é proporcional à intensidade da luz incidente.

2. **Aplicações**:

• **Deteção de luz**: Utilizado em câmaras, medidores de luz e comunicações ópticas.

• **Células solares**: Utilizadas em sistemas fotovoltaicos para converter a luz solar em eletricidade.

3. **Características**:

• Sensível a comprimentos de onda específicos da luz.

• Tempo de resposta rápido e elevada sensibilidade.

Circuitos e aplicações de díodos

Os díodos são utilizados em vários circuitos pelas suas capacidades de retificação, comutação e processamento de sinais.

Rectificadores

Os rectificadores convertem CA em CC, uma função essencial nas fontes de alimentação.

1. **Retificador de meia onda**:

• Utiliza um único díodo para retificar uma metade da forma de onda CA.

• Simples, mas ineficiente, pois utiliza apenas metade do sinal de entrada.

2. Retificador de onda completa:

Utiliza dois ou quatro díodos (numa configuração em ponte) para retificar ambas as metades da forma de onda CA.

Mais eficiente e proporciona uma saída DC mais suave.

3. Aplicações:

• Fontes de alimentação para dispositivos electrónicos.

• Circuitos de carregamento da bateria.

Regulação da tensão

Os díodos, em particular os díodos Zener, são utilizados para manter uma tensão estável.

1. Regulador de tensão de díodo Zener:

o O díodo Zener é ligado em polarização inversa à carga.

o Mantém uma tensão de saída constante apesar das variações da tensão de entrada ou da corrente de carga.

1. Aplicações:

• Fontes de alimentação.

• Fontes de tensão de referência em circuitos analógicos.

2. Recorte e fixação de sinal

Os díodos podem moldar e limitar as formas de onda do sinal.

3. Circuitos de recorte:

• Limita a tensão a um nível específico, cortando as partes da forma de onda que excedem o limiar desejado.

• Utilizado no condicionamento de sinais para evitar sobretensões.

4. Circuitos de aperto:

• Deslocar o nível de tensão de uma forma de onda sem alterar a sua forma.

• Utilizado no processamento de sinais para definir uma tensão de base.

5. Aplicações:

• Processamento de sinais em sistemas de comunicação.

• Condicionamento do sinal áudio.

6. Comutação

Os díodos são utilizados em aplicações de comutação devido à sua capacidade de alternar rapidamente entre estados condutores e não condutores.

7. **Circuitos de comutação de díodos**: Controlam a direção do fluxo de corrente em circuitos, utilizados em portas lógicas digitais e no encaminhamento de sinais.

8. **Aplicações**:

• Circuitos lógicos.

• Desmodulação do sinal.

9. Emissão e deteção de luz

Os LED e os fotodíodos são utilizados para a emissão e deteção de luz em várias aplicações.

10. Circuitos LED:

• Utilizado em ecrãs, indicadores e soluções de iluminação.

• Pode ser acionado por fontes de corrente constante para manter uma luminosidade constante.

11. **Circuitos de fotodíodos**:

• Utilizado em sensores ópticos, sistemas de comunicação e células solares.

• Frequentemente utilizado com amplificadores para aumentar a intensidade do sinal.

• Aplicações avançadas de díodos

• Circuitos de RF e micro-ondas

• Os díodos Schottky são utilizados em circuitos de RF e micro-ondas devido à sua comutação rápida e baixa queda de tensão de avanço.

12. **Misturadores**:

• Utilizado em circuitos de RF para converter sinais de uma frequência para outra.

• Os díodos Schottky permitem um funcionamento a alta velocidade.

13. **Detectores**:

• Utilizado em receptores de RF e micro-ondas para detetar a intensidade do sinal.

• O rápido tempo de resposta dos díodos Schottky torna-os ideais.

14. **Aplicações**:

• Sistemas de comunicação.

• Sistemas de radar e de navegação.

15. **Eletrónica de potência**

Os díodos são componentes críticos na eletrónica de potência para uma conversão e gestão eficientes da energia.

16. **Rectificadores de potência**:

• Utilizado em conversores AC-DC, inversores e fontes de alimentação.

• Os díodos Schottky e os díodos de carboneto de silício (SiC) oferecem baixas perdas de potência e elevada eficiência.

17. Díodos de roda livre:

• Utilizado em circuitos de carga indutiva para fornecer um caminho para a corrente quando o interrutor está desligado, protegendo o interrutor de picos de tensão.

18. Aplicações:

• Sistemas de energias renováveis.

• Veículos eléctricos.

19. Optoelectrónica

Os díodos são parte integrante dos dispositivos optoelectrónicos, combinando funções electrónicas e ópticas.

1. Díodos laser:

• Semelhantes aos LED, mas emitem luz coerente, utilizados em comunicações ópticas, ponteiros laser e dispositivos médicos.

2. Células fotovoltaicas:

• Fotodíodos de grande área utilizados para converter a energia solar em energia eléctrica.

• Componente-chave em painéis solares e sistemas de energia renovável.

3. Aplicações:

• Sistemas de comunicação.

• Recolha de energia.

Considerações práticas Gestão térmica

Os díodos geram calor durante o funcionamento, especialmente em aplicações de alta potência.

1. **Dissipação de calor**:

•São necessários dissipadores de calor e mecanismos de arrefecimento adequados para manter o desempenho e a fiabilidade.

2. **Fuga térmica**:

•Uma condição em que o aumento da temperatura conduz a uma corrente mais elevada, aumentando ainda mais a temperatura.

•As considerações de projeto incluem a polarização adequada e a gestão térmica para evitar a fuga térmica.

Fiabilidade e duração

Os díodos estão sujeitos a desgaste e degradação ao longo do tempo.

1. **Modos de falha**:

- Inclui avaria na junção, falha térmica e degradação do material.

2. **Conceção para a fiabilidade**:

• Seleção dos díodos adequados à aplicação, garantia de um arrefecimento adequado e proteção contra condições de sobretensão e sobrecorrente.

Integração em circuitos

Os díodos são frequentemente integrados com outros componentes para formar circuitos complexos.

1. **Circuitos híbridos**:

• Combinar díodos com resistências, condensadores e transístores para funções específicas.

2. **Circuitos integrados (CI):**

- Os díodos fazem parte de muitos circuitos integrados, tais como reguladores de tensão, processadores de sinais e unidades de gestão de energia.

Conclusão

Os díodos são componentes versáteis e essenciais na eletrónica moderna, servindo uma vasta gama de funções, desde a retificação e regulação da tensão até à emissão e deteção de luz. A compreensão do seu funcionamento, características e aplicações permite a conceção de sistemas electrónicos eficientes e fiáveis. Os avanços na tecnologia dos díodos, como os díodos Schottky, os LED e os fotodíodos, continuam a impulsionar a inovação em vários domínios, incluindo as comunicações, a eletrónica de potência e a optoelectrónica. A integração e a gestão térmica adequadas são cruciais para maximizar o desempenho e a longevidade dos díodos em aplicações práticas. À medida que a tecnologia evolui, o papel dos díodos na criação de novas capacidades electrónicas e na melhoria dos sistemas existentes continua a ser indispensável.

REFERÊNCIAS

1) Yeng, C., & Yang, K. (2023). Técnicas avançadas de caraterização para dispositivos semicondutores em nanoescala. Advanced Materials, 35(2), 2203032.

2) Li, S., Wei, C., & Chen, Z. (2022). Células solares em tandem de perovskita-silício de alta eficiência: Estado atual e perspectivas futuras. Nature Photonics, 16, 294-307.

3) Kumar, A., Pandey, R., & Sharma, R. (2022). Investigação das propriedades termoeléctricas de novos materiais bidimensionais. Nano Energy, 100, 107524

4) Chen, H., Li, W., & Zhou, Y. (2022). Fabricação a baixa temperatura de eletrônicos flexíveis baseados em semicondutores de óxido amorfo. Nature Electronics, 5, 46-55.

5) Jiang, Y., Zhang, R., & Wang, Q. (2023). Dinâmica de portadores ultrarrápidos em materiais bidimensionais para optoeletrônica. ACS Nano, 17(4), 3645-3660.

6) Xu, Z., Li, X., & Huang, Y. (2023). Avanços nos dispositivos de potência de nitreto de gálio (GaN). IEEE Transactions on Electron Devices, 70(1), 54-65.

7) Kim, S., Lee, J., & Kwon, Y. (2023). Emerging Semiconductor Materials for High- Performance and Low-Power Electronics [Materiais Semicondutores Emergentes para Eletrónica de Alto Desempenho e Baixa Potência]. Advanced Functional Materials, 33(5), 2300041.

8) Van Overstraeten, R., & de Man, H. (1970). Measurement of the Ionization Rates in Diffused Silicon p-n Junctions. Solid-State Electronics, 13(5), 583-608

9) Hsu, J. W. P. (1994). Quantitative Optical Spectroscopy of Semiconductor Surfaces and Interfaces (Espectroscopia ótica quantitativa de superfícies e interfaces de semicondutores). Surface Science Reports, 19(5), 181-234.

10) Sze, S. M., & Ng, K. K. (2006). Physics of Semiconductor Devices (Física

de Dispositivos Semicondutores). Wiley-Interscience.

11) Pierret, R. F. (1996). Semiconductor Device Fundamentals. Addison-Wesley.

12) Neamen, D. A. (2012). Física e dispositivos semicondutores: Princípios básicos. McGraw- Hill Education.

13) Streetman, B. G., & Banerjee, S. K. (2005). Dispositivos electrónicos de estado sólido. Prentice Hall.

14) Lundstrom, M. S. (2000). Fundamentals of Carrier Transport. Cambridge University Press

15) Sze, S. M. (1981). A Review of Gallium Arsenide Technology. Proceedings of the IEEE, 69(6), 803-820.

More
Books!

info@omniscriptum.com
www.omniscriptum.com
OMNIScriptum

Printed by Books on Demand GmbH, Norderstedt / Germany